王德华 禹娜 主编　　何鑫 编著　　高原 绘

上海科学技术出版社

目录

白鹭：
诗人笔下的主角

"一行白鹭上青天"，唐代文学家杜甫的这句诗想必小朋友早已耳熟能详。其实在中文里，仅名字里有"白鹭"俩字的就有几种鸟，包括白鹭、中白鹭和大白鹭。

在这三种鹭中，白鹭的确是我们最常见的、白色的鹭，体形通常也是三者中最小的。所以，我们有时还会亲切地称白鹭为小白鹭。

收听音频

为什么白鹭给人一种清新之美

　　杜甫的好朋友李白曾写过一首《白鹭鸶》："白鹭下秋水，孤飞如坠（zhuì）霜。心闲且未去，独立沙洲傍。"惟妙惟肖（xiào）地描绘了白鹭在水边的姿态。

　　这么多文人墨客曾为白鹭写诗，就足以证明白鹭的美丽动人之处。俗话说，一白遮百丑。浑身洁白的白鹭看起来就有一股清新脱俗（sú）之气。

　　它们那长而尖的喙（huì）是黑色的，两条细长腿也是黑色的，经典的黑白配色让白鹭给人一种简洁明快之感。不过，这里描述的只是白鹭非繁殖期的"颜值"。

白鹭为什么会"穿婚纱"

　　每年春夏，就迎来了白鹭的繁殖期。它们的脑袋后面会长出两根长长的翎（líng）羽，就像两条细细的小辫子，被称为"矛状饰羽"。对此，白居易还曾发出感叹："何故水边双白鹭，无愁头上亦垂丝？"其实白鹭还真不是愁出了白丝。

　　繁殖期的白鹭，其肩部和背部的羽毛会变得更蓬松，长出羽枝分散的长形蓑（suō）羽，并一直向后伸展至尾部。它们的前颈下部也会长出矛状饰羽，并向下披至前胸。整体上看，繁殖期的白鹭就像穿上了洁白美丽的婚纱。

去哪里寻找白鹭

　　白鹭在世界上的分布十分广泛。一般来说，我国南方地区一年四季都有白鹭活动的身影，而北方地区一般到了夏天才有白鹭迁来。

　　不管是在自然湿地还是在城市公园，我们都有机会看到白鹭从天空中飘然而下，它们或若有所思地注视着水面，或一顿一走地漫步水边。每年夏天，当白鹭宝宝们从蛋里钻出来后，"嘎嘎嘎"的叫声简直响彻（chè）天空。

你问我答

　　艾克："为什么白鹭经常单腿站立？"

　　赛思叔叔："这种站姿能让白鹭在寒冷的环境中减少身体散热。两只腿交替站立，还能缓解肌肉疲劳。"

7

乌鸫：
比乌鸦更常见的黑鸟

　　每个清晨，城市树林中的鸟鸣声此起彼（bǐ）伏。这时，我们常常会听到一种非常悦耳的鸣叫声，其来源往往就是特别适应城市生活的乌鸫（dōng）。

　　乌鸫喜欢在城市草坪上蹦蹦跳跳地寻找食物，瞄准目标后，就用喙翻土，不一会儿，一条蚯蚓就挂在嘴边了。如果两只乌鸫同时发现了好吃的，还会有一番你争我抢的有趣场景。

一身黑的乌鸦，如何区分雌雄

俗话说，黑色永不过时。一身黑的乌鸦，在鸟类世界中绝对称得上端庄典雅。其实仔细看看，有些乌鸦的颜色看起来也没那么黑亮，这可能是乌鸦的雌鸟。

与雄鸟相比，乌鸦的雌鸟体色没那么黑，有些羽毛呈暗褐色。而且，乌鸦雄鸟的喙呈黄色，而雌鸟的喙则呈暗黄绿色，甚至黑色。总体来说，乌鸦的雄鸟更亮眼一些。

乌鸫与乌鸦，哪个更常见

　　小朋友如果再遇见黑色的鸟，不要只想到乌鸦。其实，乌鸦只有在冬天的我国北方城市里比较常见。大多时候，我们只有在群山环绕的地方才能常年看到乌鸦。和我们更亲密的黑色的鸟，是乌鸫。

　　在我国东部地区，我们几乎在任何绿化条件不错的小区、公园，都能看到乌鸫的身影。乌鸫对城市环境有良好的适应性，原本只在我国南方地区常见的乌鸫，现在已经随着城市化的发展，扩散到了北方地区。

乌鸫为什么会适应北方环境

  我国很多北方城市的冬天没那么寒冷，大量的绿化草坪还提供了蚯蚓和昆虫等食物。因此，来自南方的乌鸫能很好地适应北方生活。

  如今，越来越多的城市绿地都有乌鸫的身影。下次当我们再路过绿油油的草坪时，不妨放慢脚步找找看，也许在你的不远处就有一只乌鸫正聚精会神地寻找食物呢。

你问我答

艾克："乌鸫是候鸟吗？"

赛思叔叔："乌鸫不是候鸟，而是留鸟。它们有较强的适应能力，可以在各种环境中找到食物和合适的栖息地。"

画眉：
叫声婉转动听的鸟儿

　　说起画眉，想必小朋友都知道它们的叫声婉转动听。自古，人们就对画眉十分熟悉。宋代文学家欧阳修在《画眉鸟》这首诗中写道："百啭（zhuàn）千声随意移，山花红紫树高低。"完美地表现了画眉自由歌唱的情景。

　　画眉因有一副精致的"眉毛"而得名。仔细看看，它们不只有两条细细长长的白眉毛，还"画"了眼圈呢！

收听音频

为什么被取名为"画眉"

至于画眉名字的来历，还有一个美丽的传说。春秋时期吴国灭亡后，范蠡（lǐ）和西施为了避祸而隐居。爱美的西施每天都会以水为镜，照镜画眉。

一天，一群黄褐色的小鸟飞到西施身边，也学着西施画眉的姿态，互相用喙"画"对方的眼上部分，居然也"画"出了眉。于是，西施唤这些小鸟为"画眉"。从此，这样的美称就一直延续至今。

画眉的黄褐色眼睛外面有一圈蓝色"眼影"，再往外是一圈白色眼圈，并与眼睛上后部的白色眉纹连为一体，形成一副精致的"妆容"。

养画眉是爱鸟行为吗

　　画眉喜欢生活在茂密的山地林间和灌（guàn）木丛中，喜欢成群结队地在枯枝落叶间寻找食物。正像我们之前所说，画眉的叫声太过婉转动听了，自古以来，许多人都想把画眉据（jù）为己有。

　　于是，大量的画眉不断地被人们捕捉，被关进那些看似精致的小笼子里，每日清晨随所谓的"主人"出现在公园里。

　　很多人觉得这是爱鸟的行为，殊（shū）不知这些在狭小的笼中反复蹦跳的鸟儿所需要的才不是这样一个"斗唱"的平台，它们渴望的是自由的天地。

一定要抵制捕捉画眉的行为

每年春天，成千上万只小画眉被贩（fàn）卖到各大城市。实际上，其中大多数鸟儿已经死在捕捉、运输过程中了。而时至今日，人们还无法对笼中画眉做到稳定的人工繁殖……

欧阳修《画眉鸟》的后两句诗是"始知锁向金笼听，不及林间自在啼。"那些笼中鸟只有在获得自由时，才能唱出婉转的歌儿。

你问我答

艾克："画眉为什么擅长模仿各种声音？"

赛思叔叔："画眉的听觉系统十分发达，对音频的振动极为敏感，它们擅长模仿虫鸣和其他鸟鸣声等。"

黑脸琵鹭：
濒危的"黑面天使"

黑脸琵（pí）鹭是世界上最濒（bīn）危的鸟类之一。琵鹭的嘴巴虽长，但并不弯曲，反而在末端加宽，变成扁平状，看起来有点像乐器琵琶（pá），这就是"琵鹭"一名的来源。

"黑脸"是黑脸琵鹭的最大特征，也是它们与其他琵鹭相区别的地方。

收听音频

16

黑脸琵鹭为什么被称为"黑面舞者"

黑脸琵鹭的前额、眼周至嘴的皮肤，基本都是不长羽毛的黑色裸（luǒ）皮，这就形成了它们鲜明的"黑脸"，所以大家都喜欢亲切地称它们为"黑琵"。

黑脸琵鹭的黑眼睛已经随着自己的黑脸，与眼睛前面黑色的喙部融为一体了。由于姿态优雅，黑脸琵鹭还被誉（yù）为"黑面天使"或"黑面舞者"。

从整体看，黑脸琵鹭全身覆盖着白色的羽毛，而长嘴和两条长腿是黑色的，全身色彩搭配简单、明快。

黑脸琵鹭的前额、眼周至嘴的皮肤，基本都是不长羽毛的黑色裸（luǒ）皮，

琵鹭为什么要用嘴巴在水中划

琵鹭的觅（mì）食行为相当有趣：它们似乎就是低着头，伏着身子，把嘴巴放在水里一直划来划去。

其实，琵鹭的嘴巴里有许多颗粒状突起，也就是灵敏的感觉神经。那些游到嘴边的小鱼、小虾一旦触碰到这些敏感的神经，就会促使琵鹭"啪"地一下瞬间收紧嘴巴，于是，手到擒（qín）来的食物就无法脱身了。

琵鹭为什么要用嘴巴在水中划

你问我答

艾克："为什么黑面琵鹭的自然栖息地受到了破坏？"

赛思叔叔："黑脸琵鹭的生存区域位于人口稠密的东亚沿海地区，所以它们受人为干扰的影响很大。"

请给黑脸琵鹭更多的保护

黑脸琵鹭的种群数量一直十分有限。1989 年，我国境内的黑脸琵鹭一度降至 300 只左右，这对于一个物种来说是十分危急的数量。

近几年，在多方的共同努力下，黑脸琵鹭的种群数量回升得很快。不过，我们不能放松警惕（tì），需要给黑脸琵鹭更多的关注和保护。

雉鸡：
走路"一步三回头"

　　说起鸡，大家首先想到的是给我们提供鸡蛋、鸡肉等各种营养食物的家鸡。其实，与家鸡同属于鸡形目雉（zhì）科的野生鸡类，很多都是濒危物种。但雉鸡是一个例外。

　　雉鸡对环境的适应能力超强。它们不仅遍布我国大部分地区，还被引种到了欧洲、美洲。人们平常说的野鸡，指的就是它们。

收听音频

雉鸡的脖子上都有环吗

　　雉鸡有一个广为流传的名字——环颈雉。环颈，顾名思义，就是脖子上有个环。很多雉鸡的脖子上都有白色的羽毛环。

　　不同分布区的雉鸡，脖子上的白环也不尽相同：有的细，有的宽，有的围绕整个脖颈，有的则只是半环。不过，有些雉鸡的脖子上压根就没有这个环。

雄性雉鸡有多艳丽

　　雄性雉鸡的脑袋上，墨绿色的羽毛泛着美丽的光泽，两丛明显的耳羽簇看起来就像一对可爱的小耳朵，眼周是宽大的鲜红色裸皮……即使和大公鸡相比，雄性雉鸡也毫不逊（xùn）色。

　　它们的翅膀以灰色为主，上面点缀（zhuì）着褐色条纹；拖在身后的长长的褐色尾巴上，还有一道道黑色横纹。雄性雉鸡这一身或墨绿色或铜色的羽毛，在阳光的直射下给人一种闪闪发光之感，十分艳丽。

雉鸡为什么行踪诡秘

雉鸡通常行踪诡（guǐ）秘，不会轻易暴露自己。

很多时候，在一片看似安静的草丛中，会突然有一两只雉鸡一跃而起。伴随着它们爆炸式的"咯咯"声，人们还没来得及看清楚，这些夺路而逃的雉鸡早已飞出几十米远，并快速躲进另一处隐蔽的草丛中，消失得无影无踪。

如果你有机会看到一只雉鸡，就会发现它在开阔的环境中跑起来时，会跑一阵就停下来四处看看，然后继续跑。这种"一步三回头"的鸡式跑姿十分有趣。

你问我答

艾克："为什么雌性雉鸡看起来很不起眼？"

赛思叔叔："雌性雉鸡的体形小，全身主要呈暗棕色，它们肩负着抚育后代的任务，暗淡的体色有利于保护自己。"

红隼：
最亲近人的猛禽

　　从某种意义上，说红隼（sǔn）是最亲近人的猛禽（qín）也不为过，因为我们经常在生活区域看到它们的身影。

　　无论农田或林地，都是它们捕猎的好场所，甚至高楼林立的城市空间，也会时有红隼光顾。它们飞行时喜欢悬停于空中，这就使我们经常有机会看到红隼灵巧的身影。

收听音频

24

谁是猛禽中的"一抹红"

与其他隼类猛禽相比，红隼最大的特点就是体色主要为红色。不过，这种红色是接近褐色的褐红。它们的头顶和颈背则是灰色的，尾巴是暗淡的蓝灰色。

在缤纷多彩的鸟类世界中，红隼的配色不算起眼，不过在猛禽家族中已属于不常见的鲜艳，因为大多数猛禽的体色是以黑、白、灰、棕为主色调。

大多数时候，我们只依靠红隼的羽毛颜色，就足以辨认出它们了。

红隼的飞行绝技是什么

　　红隼最有意思的行为是在飞行时喜欢悬停于空中。其实有不少猛禽也喜欢悬停，但红隼在技巧运用上更为熟练。

　　在户外，我们经常看到一只单独活动的红隼缓慢慵（yōng）懒地在空中盘旋，它在发现猎物后，开始上下扇动翅膀悬停，或者干脆利用地面的上升气流悬停在空中，看起来真是分外优雅。

　　如此高超的飞行特技加上绝佳的视力，使得红隼在捕捉地面猎物时实在是得心应手。

红隼如何捕猎

一旦锁定目标，红隼就会突然收拢双翅俯冲而下，猛地扎进草丛中直扑猎物。等到它再飞起来时，嘴里往往就会叼着一只可怜的小老鼠了。

抓好猎物的红隼会选择在开阔地带的树上、电线杆上、树桩上等各种突出物顶上大快朵颐（yí）。有时候，高楼大厦的顶端也是红隼停留的好去处，它们甚至会在那里筑巢繁殖。

如果我们时不时抬抬头，也许就在云朵之下、高楼大厦之间，发现红隼的踪影。

你问我答

艾克："除了老鼠，红隼还会吃什么？"

赛思叔叔："它们还会在空中猎捕一些鸟类和蜻蜓，在野外捕捉青蛙、蜥蜴等。"

白头鹤:
身披灰色羽毛的鸟灵

　　说起鹤,很多人首先想到的是大名鼎(dǐng)鼎的丹顶鹤。也难怪,作为我国9种鹤中的一种,丹顶鹤以其黑白分明的体色和头顶的那一抹鲜红,着实令人印象深刻。

　　其实,相比于丹顶鹤,我国其他8种鹤也各有各的特色,比如白头鹤。

收听音频

白头鹤为什么又叫"修女鹤"

　　白头鹤是一种体形中等偏小的深灰色鹤类，又被称为"修女鹤"。因为欧洲修女大多身披灰黑色长袍、头戴白色纱巾，再看看白头鹤的形象，两者真是十分相像。

　　中国的9种鹤中，白头鹤的体色最深，在它们的主要越冬地之一——上海崇（chóng）明岛，当地人将白头鹤称为"乌灵"。"乌"指的是白头鹤的体色，"灵"正好显示了白头鹤的脱俗之气。

白头鹤的繁殖地在哪里

跟其他鹤类一样，白头鹤的繁殖地在西伯利亚北部及我国东北荒凉、辽阔的森林沼（zhǎo）泽带，位置较隐蔽。

直到 1991 年，中国科学家才在小兴安岭西部边缘，发现了白头鹤在中国的繁殖地，之后在三江平原及内蒙古东部等地，也陆续寻觅到它们隐秘的繁殖地。

如今的每年 10 月中旬，都有 100 多只白头鹤集群到崇明东滩来越冬，它们一直待到来年 3 月。

白头鹤与小天鹅会争夺食物吗

在崇明东滩，白头鹤以滩涂上分布广泛的海三棱藨（biāo）草球茎为食。同样在此地越冬的，还有小天鹅。不过，白头鹤与小天鹅互不干扰。

因为小天鹅用嘴挖掘（jué）的是泥巴里的藨草球茎，而白头鹤则取食潮沟边那些因潮汐水流冲刷而露出泥滩的藨草球茎。所以，白头鹤要想在崇明东滩上饱餐一顿，就要等到潮退后，才能寻找食物。

可见，白头鹤的生活是高度依赖自然滩涂的湿地环境的。

你问我答

艾克："白头鹤与丹顶鹤相比，谁的体形大？"

喜思叔叔："丹顶鹤是大型涉禽，体形要比白头鹤大一些。"

小鸊鷉：
天生的潜水表演家

　　小鸊（pì）鷉（tī）是鸊鷉家族中分布最广的一种，从亚欧大陆到非洲，乃至澳大利亚，我们都能找到小鸊鷉的身影。许多人见到它们在水上的可爱模样时，还误以为是小鸭子。

　　不过，鸊鷉和鸭子所属的雁形目亲缘关系很远。从演化的角度看，鸊鷉是一类较为原始的鸟类。

小䴙䴘需要怎样的生活环境

　　小䴙䴘对生活环境的要求没那么苛刻，野外的江河湖泊等淡水水域均是它们常出入的场所。其实，只要水深能达到小䴙䴘的潜水需求，再加上有足够的食物，城市里的一些公园湿地水体中也常常有它们的身影。

　　小䴙䴘最有趣的地方，当属它们的潜水表演了。人们明明看到它们在水面上，却突然就消失不见了，过一会儿，它们又从附近的水面冒出，非常调皮。

小䴙䴘为什么要潜水

　　小䴙䴘之所以潜水，有时候是因为它们感觉到了危险，要在水下潜一段距离以逃离现场；有时候是因为它们要去水下找吃的，它们最喜欢的食物就是小鱼、小虾。

　　小䴙䴘是水下的捕猎高手，经常是一个猛子下去，过一会儿在远处重新冒头时，尖尖的小嘴里已经衔（xián）着一份美食了。

　　还有时候，小䴙䴘明明在水面游得好好的，突然无缘无故地就潜下水了，然后一脸茫然地露出水面，真不知道它们的小脑袋瓜里在想些什么。

脚蹼如何助力游泳

俗话说，游泳游得好，主要靠脚蹼（pǔ）。小䴙䴘的脚蹼还真是有特色。与鸭子的脚蹼（脚趾连在一起）不同，小䴙䴘的蹼被称为"瓣蹼"，因为前三根脚趾两侧具有厚厚的叶状蹼，划水的时候就靠它们。

勤劳的小䴙䴘父母特别"溺爱"自己的孩子，常常迫不及待地衔小鱼、小虾塞给小䴙䴘宝宝。当小家伙感到累了，爸爸妈妈还会背着它们游泳，真是可怜天下父母心！

你问我答

艾克："为什么我们极少看到小䴙䴘在地面待着？"

赛思叔叔："小䴙䴘的腿长得靠后，走路不稳，所以它们一般都在水面游荡。它们的巢也是搭在水面上的。"

珠颈斑鸠：
戴着"项链"的鸟儿

珠颈斑鸠（jiū）在外形上跟鸽子很像，所以也被称为"野鸽子"。它们与人类驯养的家鸽确实是近亲，都属于鸽形目鸠鸽科。

珠颈斑鸠最喜欢的食物是各种草籽，城市里的各种绿地草坪给它们提供了良好的觅食环境。因此，珠颈斑鸠是人们在生活中经常遇到的鸟类之一。

珠颈斑鸠为什么有贵妇气质

　　珠颈斑鸠的翅膀和背部羽毛是棕灰色的，脑袋呈青灰色，脖颈和腹部则泛着粉红色的光泽。如果有幸看到珠颈斑鸠飞起时张开的尾羽，你会发现外侧尾羽前端有一道宽宽的白色。除此之外，它们还有着红色的虹膜（眼睛结构的一部分，中间是瞳孔）和脚，以及黑色的喙和脚爪。

　　它们身上最亮眼的部分，就是"珠颈"了。这其实是黑色羽毛上的白色小斑点相互交错形成的视觉效果，看起来就像一条珍珠项链。戴着"项链"的珠颈斑鸠，还真有几分贵妇的气质呢！

珠颈斑鸠如何适应城市生活

公园里，我们总能找到几只在草坪上悠闲觅食的珠颈斑鸠。有时候，我们也能看到珠颈斑鸠飞行于低空，它们会熟练地穿越电线和楼宇，拍拍翅膀滑翔而过。

作为适应城市生活的典型，许多珠颈斑鸠学会了利用人类设施。比如，经常有人发现窗外的空调机上、花盆里，一对鸟儿正用枝条筑（zhù）巢；随后几天，巢里会突然出现几枚鸟蛋；接着就是鸟儿来孵蛋育雏了。这些鸟儿十有八九就是珠颈斑鸠。

你听过珠颈斑鸠的叫声吗

在安静的清早，有时我们会听到"咕咕咕"的鸟鸣声不断地传来，有些人以为这是布谷鸟的叫声。其实，布谷鸟主要在夏季出现在我国东部地区，发出的"布谷、布谷"声和斑鸠的"咕咕"声也明显不同。

下次，当你在户外与珠颈斑鸠邂（xiè）逅（hòu）时，记得与它们一起散散步哟！

你问我答

艾克："珠颈斑鸠是群居鸟类吗？"

赛思叔叔："珠颈斑鸠一般是单独或成对出现。"

黑水鸡：
拥有漂亮的红色额甲

黑水鸡看起来矮矮胖胖的，有几分家鸡的神韵。其实，它们和高挑的鹤类是近亲。

黑水鸡的脑袋前部有块鲜亮的红色区域。这其实是从它们的嘴部向前额延伸的，被称为"额甲"，是一种角质额板。正因为有这个漂亮的红色额甲，黑水鸡还被称为"红冠水鸡""红骨顶"。

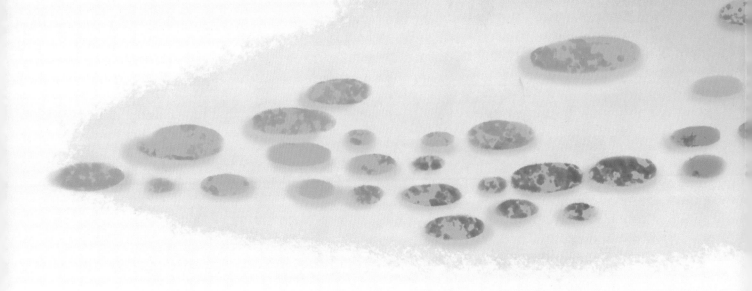

收听音频

为什么难以看到黑水鸡的脚

　　在一些很少受到人为干扰的公园水体里，我们都能发现黑水鸡的身影。大多时候，它们都待在水里，所以我们想看到它们的脚是要花些工夫的。

　　在水中，黑水鸡就会使用自己的脚努力划水前行。虽然这双脚足够大，脚趾也足够长，但上面没有蹼，所以黑水鸡游泳时还是很吃力的。你瞧，它们的脖子总是一伸一缩，似乎在努力地配合着水下划水的脚。

黑水鸡喜欢吃什么

作为大多数地区的留鸟，黑水鸡一年四季都在水中游弋（yì）。

它们喜欢一摇一晃地在水草丛中窜来窜去寻找食物，尤其喜欢吃各种水生昆虫、软体动物。不过，对于一些水生植物的嫩叶、幼芽、根茎等，黑水鸡也"来者不拒"。

如果有机会，我们一定多留意公园里安静的水面，也许多等一会，就会有一只胖乎乎的黑水鸡摇摇晃晃地从芦苇丛中游了出来！

你问我答

艾克："黑水鸡宝宝出生多久才能下水游泳？"

赛思叔叔："当天就可以。它们的成长速度很快，用不了多久，就会换上灰色的羽毛了。"

刚出生的黑水鸡宝宝长什么样

到了夏天，黑水鸡会利用枯芦苇等干草叶来筑巢。它们的巢一般都隐秘在芦苇丛边，呈碗状。

黑水鸡的卵呈浅灰白色，上面会有一些斑点。雌雄亲鸟会轮流承（chéng）担孵化任务，一般20天左右，就会有可爱的黑水鸡宝宝孵出了。

刚出生的黑水鸡宝宝浑身长着黑色的绒毛，但脑袋少毛，看起来像个小秃（tū）头，眼睛上还会有些青蓝色，整体看起来柔柔弱弱的。

图书在版编目（CIP）数据

动物们都在忙什么. 翩翩起舞的鸟儿 / 王德华，禹娜主编 ; 何鑫编著. -- 上海 : 上海科学技术出版社，2025. 1. -- （"赛思叔叔的十万个为什么"丛书）.
ISBN 978-7-5478-6869-0

Ⅰ. Q95-49

中国国家版本馆CIP数据核字第2024AY4219号

动物们都在忙什么——翩翩起舞的鸟儿

王德华　禹娜　主编
何鑫　编著
高原　绘

上海世纪出版(集团)有限公司　出版、发行
上 海 科 学 技 术 出 版 社
（上海市闵行区号景路 159 弄 A 座 9F-10F）
邮政编码 201101　　www.sstp.cn
上海光扬印务有限公司印刷
开本 889×1194　1/16　　印张 2.75
字数：20 千字
2025 年 1 月第 1 版　　2025 年 1 月第 1 次印刷
ISBN 978-7-5478-6869-0/N·283
定价：48.00 元